U0183556

欢迎来到
怪兽学园

_____ 同学，开启你的探索之旅吧！

主角人物　阿思　阿麦

献给亲爱的衡衡和柔柔，以及所有喜欢数学的小朋友。

——李在励

献给我的女儿豆豆和暄暄，以及一起努力的孩子们！

——郭汝荣

图书在版编目（CIP）数据

超级数学课 . 10, 惊喜奶昔 / 李在励著；郭汝荣绘. —北京：北京科学技术出版社，2023.12
（怪兽学园）

ISBN 978-7-5714-3349-9

Ⅰ. ①超… Ⅱ. ①李… ②郭… Ⅲ. ①数学—少儿读物 Ⅳ. ① O1-49

中国国家版本馆 CIP 数据核字（2023）第 210377 号

策划编辑：吕梁玉	**电　话**：0086-10-66135495（总编室）
责任编辑：金可砺	0086-10-66113227（发行部）
封面设计：天露霖文化	**网　址**：www.bkydw.cn
图文制作：杨严严	**印　刷**：北京利丰雅高长城印刷有限公司
责任印制：李　茗	**开　本**：720 mm×980 mm　1/16
出 版 人：曾庆宇	**字　数**：25 千字
出版发行：北京科学技术出版社	**印　张**：2
社　　址：北京西直门南大街 16 号	**版　次**：2023 年 12 月第 1 版
邮政编码：100035	**印　次**：2023 年 12 月第 1 次印刷
ISBN 978-7-5714-3349-9	

定　　价：200.00 元（全 10 册）

京科版图书，版权所有，侵权必究。
京科版图书，印装差错，负责退换。

10 惊喜奶昔

抽屉原理   李在励◎著   郭汝荣◎绘

北京科学技术出版社
100 层童书馆

下课铃一响，阿麦就冲出了教室。他已经等不及要去山姆叔叔的小店里品尝他最爱的怪兽奶昔了。

山姆叔叔是怪兽学园的明星厨师，没有哪个小怪兽不喜欢他做的奶昔。阿麦不仅喜欢山姆叔叔做的奶昔，还喜欢他胖胖的身材和浓密的络腮胡。

小脚不乱跑
小草微微笑

　　山姆叔叔的小店正在举办"惊喜奶昔"活动——从怪兽杯的外表看不出里面装着什么口味的奶昔，只有喝了才知道。惊喜奶昔共有3种口味：巧克力味、草莓味和香草味。

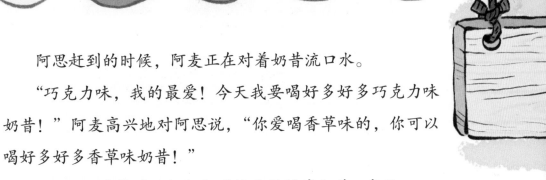

阿思赶到的时候，阿麦正在对着奶昔流口水。

"巧克力味，我的最爱！今天我要喝好多好多巧克力味奶昔！"阿麦高兴地对阿思说，"你爱喝香草味的，你可以喝好多好多香草味奶昔！"

说罢，阿麦接过山姆叔叔递给他的惊喜奶昔，尝了一口，刚好是他最爱的巧克力味！"好喝！"阿麦开心地称赞道，"我还想喝一杯巧克力味奶昔！"

可是，从杯子外表并不能看出哪杯是巧克力味的。阿麦看着活动海报，犯愁了。

"究竟要喝几杯才能保证喝到两杯同样口味的奶昔呀？"阿麦问。

阿思也有些摸不着头脑，说："或许你运气好，喝两杯就正好是同样口味的奶昔。"

"可是我们不能保证每次都有好运气呀！"阿麦说。

山姆叔叔听到了他们的对话，他对阿麦
说："你最少得喝4杯才行。"

"真的吗?!"阿麦重新燃起了希望。

"当然是真的啦！但是我不能保证两杯都是巧克力味的！"
山姆叔叔笑着说道，他的眼睛眯成了一条缝。

阿思连忙问:"山姆叔叔,这是为什么呢?"与阿麦不同,阿思更关注这个有趣的问题,而不是奶昔。

"奶昔有 3 种口味,你可以想象你有 3 个口袋,每个口袋里装一种口味的。4 杯奶昔按口味分装到这 3 个口袋里,无论怎么分,至少会有一个口袋里装 2 杯或更多杯。"这是山姆叔叔第一次注意到这个爱提问的小怪兽,他十分耐心地为阿思解答着。

草莓味	巧克力味	香草味
4	0	0
0	4	0
0	0	4
3	1	0
3	0	1
0	1	3
1	3	0
1	0	3

$$\geqslant 2$$

草莓味	巧克力味	香草味
0	3	1
2	1	1
1	2	1
1	1	2
2	2	0
2	2	0
0	2	2

无论怎么分,至少有一种口味的奶昔会有 2 杯或更多杯。

最后剩下的这杯不管放进哪个口袋，总有一个口味的奶昔有两杯！

"原来如此！反过来想，如果每个口袋只装一杯，那总共有 3 杯，只要奶昔的总数比 3 多，就一定能喝到两杯同样口味的啦！"阿思恍然大悟，他刚想转身与阿麦商量，却发现阿麦已经开始大喝特喝了。

"喂！别忘了上次你连喝了 10 杯草莓奶昔，肚子痛得满地打滚！"阿思生气地朝阿麦吼道。

　　说话间，更多的小怪兽来买奶昔了，现在一共有 13 个小怪兽在排队。可是，新的奶昔还没有做出来，于是山姆叔叔规定每个小怪兽只能买一杯。

　　坐在一旁的阿思又有了新问题。"阿麦，山姆叔叔制作的奶昔至少有一种口味的数量最多，对吧？"阿麦点点头，有点儿摸不着头脑。"那你猜，至少有几个小怪兽能喝到那种口味的奶昔？"

阿麦不知道怎么回
答了。刚才是想象用口
袋装奶昔，但这些小伙
伴可没法装到口袋里。

对应 3 种口味的桌子

13 个喝惊喜奶昔的
小怪兽

　　“我们可以和他们玩个游戏！”阿思看了看奶昔店旁边的桌椅，有了一个好主意：可以让 3 张桌子对应 3 种口味的奶昔，喝到草莓味奶昔的小怪兽坐到 1 号桌，喝到巧克力味奶昔的小怪兽坐到 2 号桌，而喝到香草味奶昔的小怪兽就坐到 3 号桌。

　　这样，13 个小怪兽无论喝到什么口味的奶昔都一定能在 3 张桌子中找到一张桌子坐，最后只需要数数每张桌子坐了几个小怪兽就可以了。

1号   2号   3号

13   0   0

0   13   0

0   0   13

· · · · · · ·

"13个小怪兽分坐到 3 张桌子，有好多种坐法啊。他们甚至有可能全坐到 1 号桌，那不就代表有 13 个小怪兽喝到了那种口味的奶昔吗？"阿麦很快产生了新的疑问。

阿思似乎已经掌握了这个问题的关键："你考虑的这种情况有可能发生，也就是最多有13个小怪兽会喝到那种口味的奶昔，但我问的是'至少'有几个。"

至少有几个是指最少有几个。无论哪种情况，喝到某种口味奶昔的小怪兽的数量总会大于或等于这个数。

考虑至少有几个小怪兽能喝到那种口味的奶昔，其实就是要考虑小怪兽最多的那桌小怪兽的数量，同时还得让这个数尽可能小。

请试着在空白处列举一下吧！

就是这个意思。也就是让其他桌的小怪兽尽可能多，但又不能超过小怪兽最多的那桌。也就是说，剩下的每张桌子的小怪兽的数量比小怪兽最多的那桌的少一个，或者数量相等。

阿麦似懂非懂地点了点头，他几乎被这些像绕口令一样的话绕晕了。

不过他知道，只要找出山姆叔叔说的那种情况，就能知道问题的答案了。

那怎样才能快速找出这种情况呢？

"我知道！我知道！"一个小怪兽从队伍里跳了出来，原来是阿麦和阿思的好朋友——波波。

只要用平均分的方法就能解决这个问题。13 个小怪兽平均分坐到 3 张桌子，每张桌子分 4 个小怪兽，还剩 1 个。剩下的这个小怪兽呀，无论去哪张桌子都可以。他去哪张桌子，哪张桌子就会变成小怪兽数量最多的桌子，也就是你们要找的那张桌子。

5

∧

4+1

4   4

比最多的少 1

这种情况完全符合之前阿思和山姆叔叔所说的！

听完波波的讲解，阿麦算了算："4 加 1 等于 5，也就是说，13 个小怪兽里至少有 5 个一定能喝到那种口味的奶昔。"

所以，要算出至少有几个，也就是至少数就需要先算出平均值，至少数 = 平均值 +1。

平均值 $13 \div 3 = 4$（个）……1（个）   至少数 $4+1 = 5$（个）

嗯！

嗯！

话音刚落，山姆叔叔的奶昔就做好了，排队的小怪兽们都喝到了冰凉可口的惊喜奶昔。他们都很喜欢这种"惊喜"的感觉。

阿麦迫不及待地把刚才的发现告诉了山姆叔叔。山姆叔叔为了奖励他们，准备让他们免费喝奶昔。阿麦高兴得跳起来说："巧克力味！巧克力味！我最爱巧克力味的！"

山姆叔叔查看了一下原料说："现在还能制作 1 杯草莓味奶昔、2 杯巧克力味奶昔和 3 杯香草味奶昔。你想想，至少要喝几杯奶昔才能保证能喝到你最喜欢的巧克力味的呢？"

有了之前的经验，阿麦认真地分析道："也许我第一杯就能喝到巧克力味的，但这是运气最好的情况，不能考虑。"

阿思点了点头说："是的，要想知道'至少'喝几杯才能保证能喝到巧克力味的，我们必须想想运气最差的情况。"

"呃，运气最差的情况就是你把草莓味和香草味的都喝完了。"
想到阿麦肚子圆滚滚的样子，波波忍俊不禁。

"不过这时候，你再喝一杯就肯定是巧克力味的了！"

阿思帮阿麦计算了一下："草莓味的有1杯，香草味的有3杯，
把这4杯都喝完，第5杯就一定是巧克力味的了。"

阿麦摸了摸自己的肚子，哭丧着脸说："我想我还能喝下5杯，不过喝完之后就不用吃晚饭了。"

小脚不乱跑
小草微微笑

　　山姆叔叔摸了摸阿麦的头说："你可以把5杯都带回家慢慢喝，反正里面一定有巧克力味的！"

　　把 3 个苹果任意放到 2 个抽屉里，怎么放呢？可以一个抽屉放 1 个苹果，另一个抽屉放 2 个苹果；也可以一个抽屉放 3 个苹果，另一个抽屉不放……但无论怎么放，总有一个抽屉里的苹果不少于 2 个，这就是抽屉原理（鸽巢原理）。它最先由德国数学家狄利克雷提出并运用于解决数学问题，所以也被称为狄利克雷原理。

第一种方法

第二种方法

第三种方法

第四种方法

抽屉原理

抽屉原理有两种表述：一是把数量比抽屉数多的东西放入抽屉里，至少有一个抽屉里的东西不少于2个，比如把4个苹果放到3个抽屉里，至少有一个抽屉里的苹果不少于2个；二是把数量比抽屉的倍数多的东西放入抽屉里，至少有一个抽屉的东西不少于"倍数+1"个，比如把7个苹果放到3个抽屉里，7是3的2倍多，至少有一个抽屉里的苹果不少于2+1，3个。

运用抽屉原理的核心是分析清楚问题中哪个是"东西"，哪个是"抽屉"。在我们的故事中，奶昔的口味就相当于抽屉。

至少数＝倍数+1

东西数÷抽屉数

如果东西能平均分配到几个抽屉中而没有余数：至少数＝商数（故事中所提到的平均值）。

1. 一个班里有13名同学，至少有几人的生日肯定在同一个月？

2. 袋子里有红、黄、蓝、绿4种颜色的小球，至少摸出几个小球才能保证摸到两个同样颜色的小球？

参考答案

1. 至少有 2 人的生日在同一个月。
2. 至少摸出 5 个球就能保证摸到两个同样颜色的小球。

So easy!

30